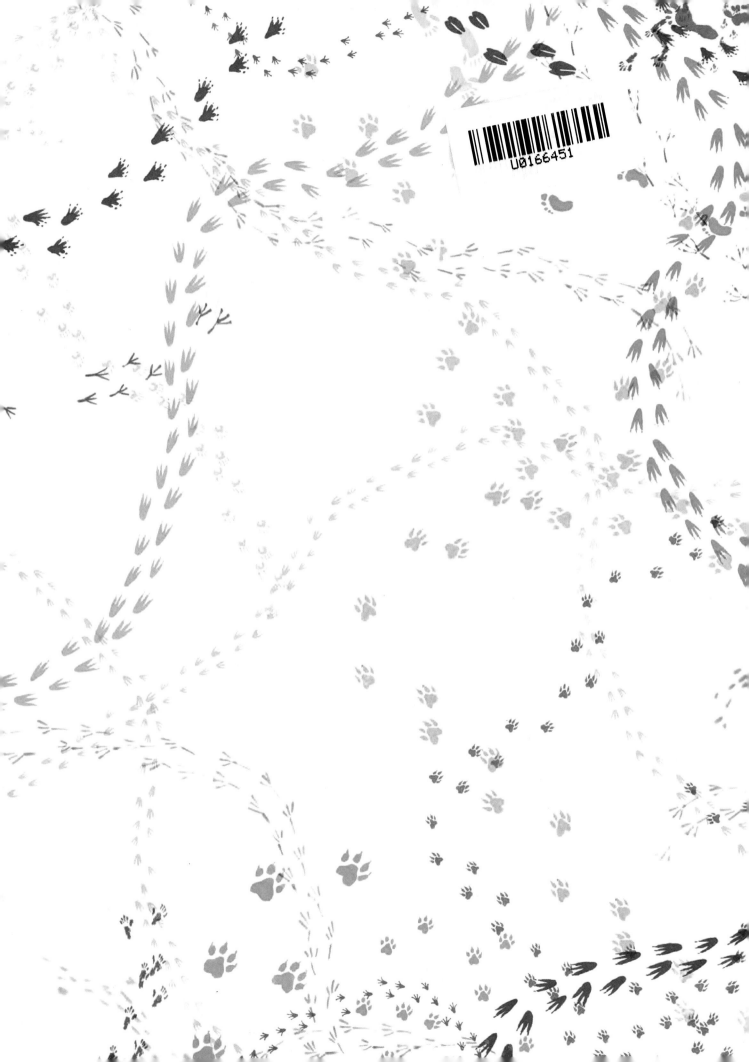

我爱野生动物

WILD FAMILY

[英] 本·勒维尔 著 　 [英] 哈里特·霍布迪 绘 　 郎振坡 译

中信出版集团 | 北京

"家族"这个词对你来说意味着什么?

这个词对我们每个人或许有不同的意义。作为人类,我们的家族形式多样,大小各异。

大自然中也有各种不同的家族。有些动物有成千上万的宝宝,有些动物却只有一两个;有些动物终其一生都生活在族群之中,有些动物却独来独往。在这本书中,我们将探索自然界中一些最迷人的家族。我们将前往树木参天的热带雨林、冰冻的平原、热带海洋以及黑暗的洞穴。我们将探索是什么让人类的家族与其他生物的家族如此相似,又是什么让我们与众不同。

当然,这还不是故事的全部,地球上的所有生物都有一个极其重要的共同点:我们共享地球这个家园。我们共沐徐徐清风,共赏草木葱葱,共聆流水潺潺——我们共享着同一个维持着微妙平衡且存在丰富生物多样性的神奇星球。

生活在这里的每一种生物都是同一棵生命树的一部分,这意味着我们所有人都属于一个庞大的家族——一个比单一物种大得多的家族。在这个家族里,每一种生物都很重要。

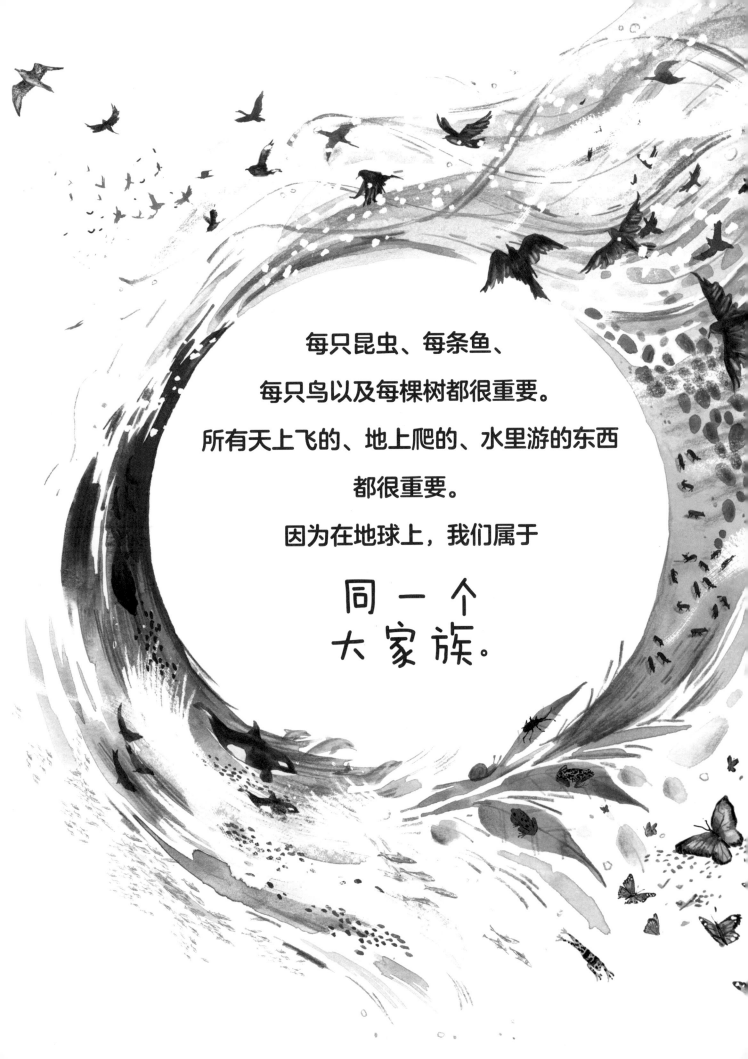

每只昆虫、每条鱼、

每只鸟以及每棵树都很重要。

所有天上飞的、地上爬的、水里游的东西

都很重要。

因为在地球上，我们属于

同 一 个

大 家 族。

黑猩猩

蜜蜂

猴子

企鹅

海鹦

鲑鱼

大熊猫

大象

蜘蛛

白蚁

土中居民

一个星球，
七大洲，
四大洋，
数百万个物种。

我们将探索其中一些家族的故事，

生命树

火烈鸟

树懒

蝴蝶

海鸟

狼

人类

虎鲸

鹿

犀牛

海豚

青蛙

小丑鱼

蝙蝠

狮子

并看一看我们是如何参与到这个 **野生动物家族**中的。

什么是
野生动物家族？

对科学家来说，动物家族有其具体的含义，即一群共享某些特征的生物。例如，老虎、狮子和美洲豹都属于猫科动物家族。

但在这本书中，我们将以一种截然不同的方式来审视野生动物家族。我们将探索不同的物种是如何照顾它们的孩子并保护彼此的；我们将探索这些动物家族是如何紧密地生活在一起，共同寻找食物并保证自身安全的；我们还将了解一些动物如何巧妙地学会与其他物种共存。

一个野生动物家族可能属于不同的物种。
它们可以是一群**鱼**，也可以是一窝**蚂蚁**；可以是一群从天空中飞过的**鸟**，也可以是一队与**鹿群**协作的**猴子**。
它们甚至可以是一群**人**，就像你以及和你生活在一起的人。

什么是 生物多样性？

数百万个物种塑造了我们的世界。有蠕虫、狼、鲸和睡莲，有豹子、蜥蜴、美洲驼和龙虾，有冬青树、刺猬、蜂鸟和河马……想想看吧，数百万个物种！

真是个奇迹啊！

地球真是个好地方啊！生活在如此丰富的生命网络中，是多么不寻常啊！

但最神奇的是——

每一个物种都在地球上扮演着自己的角色。**生物多样性**指的是"地球上生命的多样性"。它是所有生物与其他生物相互联系的方式。它造就了我们如今的世界。

作为人类，我们需要无数动物和植物才能生存，从为我们的庄稼授粉的蜜蜂，到为我们提供氧气的森林和海洋藻类。我们是生命拼图中的一块，如果没有其他的拼图，我们就会陷入严重的麻烦。

我们这个脆弱星球上的所有生命都需要多样的生物才能生存。自然界是一棵生命树，而我们都是其中的一部分。

所以我们来认识一下野生动物家族中的一些伙伴吧。

大象——行走的巨兽

　　在非洲的黎明时分，伴随着缓慢的步伐和一阵隆隆声，一群**大象**正向前移动着。它们排成一队，迈着树干般粗壮的双腿，同时挥舞着尾巴驱赶苍蝇。走在队伍最前面的是雌性首领。它通常是家族中年龄最长、体形最大的母象。它会决定族群去往哪里以及做些什么。它的姐妹们以及它们所有的孩子都耐心地跟在后面。公象，也就是雄性大象，会在象群中待到 10 岁左右，然后它们会开始独自生活。

　　大象的头像块巨石，大脑很发达。它们是世界上最聪明的生物之一，拥有超强的记忆力。大象家族中年龄较大的成员甚至记得几十年前它们在哪里找到过食物和水。幼象也会向它们的长辈学习生活技能，比如如何用鼻子抓住掉落的树枝，如何抓挠自己的背。

大象忠实于自己的家族。家族里的大象会一起行进、社交和觅食，这群高大的食草动物会从树上撕下树叶食用。雌性甚至会照顾彼此的孩子。小象不仅可以得到母亲的照顾，也能得到象群中其他成年母象的照顾，小象还会喝其他母象的奶，这在象群中很常见。

有的大象还会对其他物种表示善意，有很多关于大象保护小狗、小犀牛甚至人类的故事。

知识王国

大象的**妊娠**期是哺乳动物中最长的，母亲在分娩前要怀胎18到22个月。这种长时间的怀孕为未出生的小象提供了充足的时间，可以充分发展它出生后生存所需的脑力。

大象另一个与众不同之处，是当自己的家族成员去世时，会表现出特别的行为方式。它们经常安静地聚集在死去成员的尸体旁，仿佛在表达敬意。有时，它们会守候几个小时甚至几天，把树枝放在尸体上，或者用鼻子触摸尸体。其他家族的大象甚至可能会来和它们一起哀悼。

就像我们会为逝去的亲人感到悲痛一样，大象也会为自己的亲人哀悼。

大象的鼻子上有四万块肌肉。

但它们身上仍有鼻子够不到的部位。这就是为什么这头大象很高兴有**牛椋鸟**栖息在它的背上。这种小鸟用红色的喙从大象的皮肤上啄食**苍蝇**、**蜱虫**和**蛆虫**，而且也会为**水牛**、**犀牛**和**河马**做同样的工作。当看到危险逼近时，牛椋鸟甚至会大声发出警告，所以它们不仅是除虫者，还是哨兵。

作为世界上最大的陆地哺乳动物，大象非常强壮。它们也有自己的个性。科学家们发现，在一个象群中，有四类主要角色：天生的领导者、顽皮的淘气鬼、温和的巨人和普通的帮手。

你会是哪一类呢？

大象被称为**关键物种**。也就是说，它们在环境中发挥着至关重要的作用，有助于维持非洲平原的生物多样性。它们会用鼻子和弯曲的长牙挖掘干涸的河床，把水带到地表，供自己以及其他动物饮用。而且，因为它们啃食乔木和灌木，让草原保持开阔，所以还间接帮助了**斑马**和**羚羊**家族，让它们能够吃到草原上的草。

还有一件事：大象的粪便是棕色的，而且很脏。

这是一块足球大小的新鲜大象粪便，也是虫子的自助餐！大象不会消化所有的食物，所以**马陆、蟋蟀**和**白蚁**都能在这里找到食物。**蜣螂（屎壳郎）**会把大象的粪便滚成球，既是美味的零食，也可以在温暖的粪球中产卵。这些虫子的活动还会吸引其他动物，所以**蜜獾**和**犀鸟**经常到大象粪便处寻找虫子大餐。

蝴蝶振翅，
其声飒飒

这五彩缤纷的颜色是**帝王蝶（黑脉金斑蝶）**为我们呈现的万花筒。现在是夏末，这群昆虫正开始一段漫长的飞行，从美国和加拿大的森林飞往墨西哥温暖的山区。几个月后，当冬天结束时，它们会再次向北飞……

知识王国

动物这样的长途旅行，我们称之为**迁徙**。动物迁徙是为了寻找最适合它们的环境。穿越不同的地区时，这些动物还可以让新的栖息地变得更具生物多样性。帝王蝶在迁徙的过程中可以为植物和花朵授粉，也可能成为一些鸟类的食物。

当这些小蝴蝶迁徙时，它们会和其他帝王蝶一起栖息在树上过夜。聚在一起的时候，这些橙色的小飞行员可以保持温暖，并保证自身的安全。

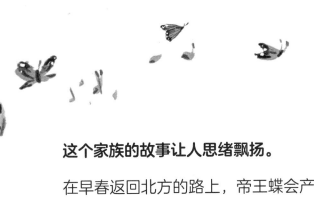

这个家族的故事让人思绪飘扬。

在早春返回北方的路上，帝王蝶会产卵，之后很快就会死去。它们的孩子们会继续这段旅程，几个星期之后也会产卵，然后死去。在整个迁徙过程中，这种循环会持续进行。令人惊讶的是，第二年夏天飞往墨西哥的蝴蝶已经是前一年迁徙的蝴蝶的曾孙了！也就是说，帝王蝶需要好几代才能完成一次史诗般的年度旅程。

知识王国

生物多样性有时会带来非常独特的伙伴关系。帝王蝶可以在天空中快速搜索，寻找不同的植物作为食物，但它们的孩子毛毛虫则要挑剔得多。毛毛虫只吃**乳草植物**，所以没有乳草植物的话，就没有帝王蝶了。

在其短暂的一生中，
雌性帝王蝶会产下成千上万的卵。

这些卵会长成带条纹的、毛茸茸的毛毛虫，紧接着，毛毛虫会变成蝴蝶，然后又开始新的循环……

一群微光闪闪的小丑鱼

在澳大利亚附近温暖海洋里的一簇簇光束中穿行的，是这些彩虹般明亮的**小丑鱼**。它们虽然体形很小，却是优秀的父母。小丑鱼妈妈一次可以产下几百颗鱼卵，由爸爸紧密守护。小丑鱼父母会尽力确保鱼卵能够得到足够的照顾和保护。大约 10 天后，鱼卵孵化时，小丑鱼父母的工作就结束了。刚孵化的小丑鱼会随水漂走，在这片热带水域开始新的生活。

我们很容易看出小丑鱼的名字是怎么来的——它们醒目、明亮的条纹看起来就像小丑脸上的彩绘。小丑鱼也被称为**海葵鱼**，这个名字有点拗口，却暗示了它们与一种生活在海底的软体动物（海葵）的神奇关系。

小丑鱼家族非常不同寻常。

一群小丑鱼通常由一条雌鱼、一条雄鱼和几条中性小丑鱼组成。中性的意思是，既不是雄性，也不是雌性。但如果雌性死了，其中一条中性小丑鱼就会变成雌性来接替它的位置。

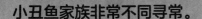

海洋中存在丰富的生物多样性。有接近 25 万种已知物种生活在海洋中！

虽然看起来像植物，但海葵是动物，它们浮动的触手是有毒的。小丑鱼的皮肤上有一层特殊的黏液，可以防止自己被蜇伤，但其他鱼类就没有这么幸运了。

小丑鱼喜欢住在**海葵**里，以保护自己免受捕食者的伤害。但这还不是全部。小丑鱼会清除海葵触手上的害虫，进食时掉落的食物残渣还可以给海葵提供更多的食物，所以海葵和它们的房客在一起也很开心。

一群狮子在平原上徘徊

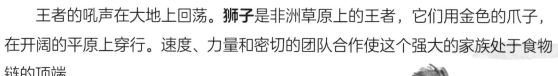

王者的吼声在大地上回荡。**狮子**是非洲草原上的王者，它们用金色的爪子，在开阔的平原上穿行。速度、力量和密切的团队合作使这个强大的家族处于食物链的顶端。

狮群中的大多数成员都是思维敏捷的雌狮，而狮群的老大通常是一头拥有蓬松鬃毛的雄狮。精力充沛的**幼崽**，以及一两只年轻的雄狮，往往构成了狮群的其余部分。年幼的雄狮成年后，通常会离开，在大草原上组建自己的**狮群**。

知识王国

你能想象自己被狮子又长又粗糙的舌头舔来舔去吗？这正是狮子帮助彼此保持皮毛清洁的方式。

作为肌肉发达的**食肉动物**，狮子在大草原的生物多样性中扮演着至关重要的角色。如果有太多吃草的**羚羊**和**斑马**，这片土地就可能变得寸草不生，而通过捕猎最弱、最慢的动物，狮子能让**食草动物**的数量保持在合理的水平，同时还能填饱自己的肚子。

狮子在捕食猎物时会匍匐前进。旱季时，枯草可以掩盖它们浅棕色的皮毛，从而帮助它们捕猎。抓到猎物后，狮群中的狮子会轮流进食。

狮子也许极度危险，但它们也有敌人。

这些斑点**鬣狗**经常试图抢夺狮子捕获的猎物。一群咆哮的鬣狗并不容易对付。狮子和鬣狗都会抢夺彼此的猎物，这种激烈的竞争有时对双方都有好处。

满满一大窝白蚁

下面来看看这个微型军队，它们在炎热的傍晚不知疲倦地工作着。这个高高的土丘看起来像一个树桩，但它实际上是由数百万**白蚁**建造的巢穴。这些昆虫利用土壤、自己的唾液和粪便建立起家族的堡垒，然后整天工作，保卫家园。令人震惊的是，一些非洲的白蚁丘比人还高！

所有这些白蚁都来自同一个母亲——**蚁后**。蚁后比其他白蚁大得多，住在巢穴深处一个黑暗的房间里，每3秒钟就能产下一个卵！在蚁后的一生中，它将生下数百万个孩子。其他白蚁则围着蚁后，保护它、喂养它，让它保持清洁。

白蚁是大自然中的建筑大师。**白蚁丘**中布满了隧道，还有特殊的狭缝让空气流通。

知识王国

白蚁家族这么庞大的原因之一是它们有被吃掉的危险。像**食蚁兽**这样的动物就以蚂蚁和白蚁为食，而一只食蚁兽可以在一个晚上吞下数万只白蚁！

蚁群里所有的白蚁都有自己的工作。

有些白蚁是热心的工人，负责收集食物，以及在蚁丘受损时将其修复。另一些则是强壮的战士，负责保卫家园，抵御入侵者的侵袭。

这些成群的攻击者是**马塔贝勒蚁**。它们也有自己的巢穴，但现在它们的任务是啃食白蚁。马塔贝勒蚁敏捷而危险，但它们也是出色的护士。如果有一只马塔贝勒蚁在这场突袭中受伤，它的同伴们会小心翼翼地将其抬回蚁巢，让它康复，甚至还有同伴会为受伤的蚂蚁护理伤口。

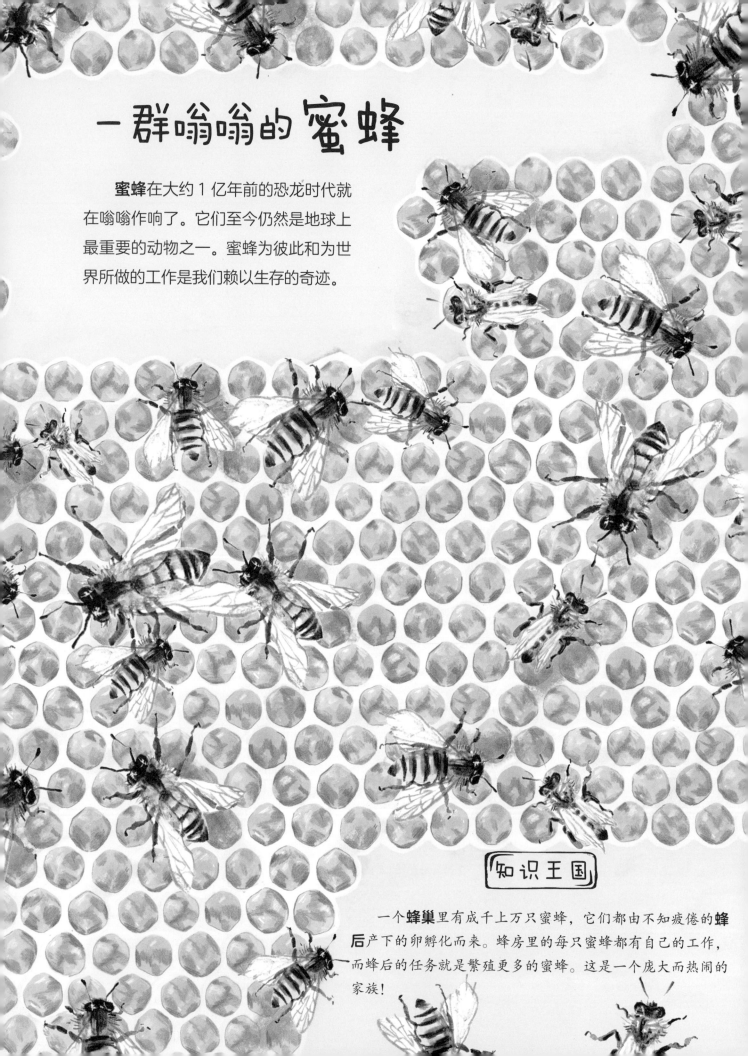

一群嗡嗡的 蜜蜂

蜜蜂在大约 1 亿年前的恐龙时代就在嗡嗡作响了。它们至今仍然是地球上最重要的动物之一。蜜蜂为彼此和为世界所做的工作是我们赖以生存的奇迹。

知识王国

一个**蜂巢**里有成千上万只蜜蜂，它们都由不知疲倦的**蜂后**产下的卵孵化而来。蜂房里的每只蜜蜂都有自己的工作，而蜂后的任务就是繁殖更多的蜜蜂。这是一个庞大而热闹的家族！

蜂房有点像一个大产房。

蜂后会在每个**蜂房**里产一枚卵。蜂卵孵化后，就会变成白色的幼虫。它们就是蜜蜂宝宝！

其他雌蜂被称为**工蜂**。工蜂工作起来不止不休。工蜂负责保持蜂巢清洁和照顾蠕动的幼虫。它们有时也会飞到外面执行特殊任务，也就是收集**花粉**和**花蜜**来喂养蜂群。

知识王国

蜜蜂用舞蹈交流！它们会摆动、跳跃、转圈，以此告诉蜂群里的其他蜜蜂哪里可以找到花粉和花蜜。

雄性蜜蜂可以简称为**雄蜂**。它们的一生只有一项主要任务，那就是与蜂后交配。这意味着尽管蜂巢里的蜜蜂都有同一个妈妈，却有不同的爸爸。

当蜂巢太热的时候,这个大家族会一起工作,让彼此保持凉爽。有的蜜蜂会扇动翅膀；有的蜜蜂则飞出去往肚子里灌水,回到蜂巢后,它们会把水吐出来,分享给其他蜜蜂。

蜜蜂通过团队合作来酿造**蜂蜜**。当一只蜜蜂把花蜜带到蜂巢时，其他蜜蜂会咀嚼花蜜，然后把咀嚼后的花蜜晾干并储存起来。花蜜很快就变成了黏稠的蜂蜜。蜜蜂这样做不是为了让我们有东西可以涂抹在吐司上，而是为了让自己在寒冷的冬天有食物吃。蜂蜜充满了能量，这正是这个忙碌而热闹的家族所需要的。

知识王国

炽热的红色，鲜艳的粉色，耀眼的黄色……花的颜色如此鲜艳，气味如此甜美，其中一个原因便是为了吸引昆虫来帮助它们授粉。

一只蜜蜂几乎轻如空气，但它为世界所做的工作却重如泰山。所有开花植物都需要授粉才能繁殖。有些植物可以自己完成授粉过程，但许多植物需要昆虫来帮忙，然后才能结出种子。就这一点而言，没有比蜜蜂更著名的传粉者了。

对蜜蜂来说，一朵有着明艳花瓣的鲜花意味着一份甘甜的花蜜。但有意思的是，当蜜蜂爬进花里吮吸花蜜时，微小的花粉粒会沾在它的腿和身体上。在蜜蜂拜访下一朵花时，一些花粉粒会脱落，于是，这朵花被授粉了。

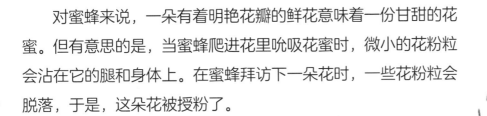

知识王国

蜜蜂和其他授粉者是地球生物的重要成员。它们帮助环境，就像环境帮助它们一样。

昆虫是地球生物多样性的重要组成部分。没有它们授粉，我们食用的许多植物将无法结出果实，成功繁殖。**苹果、黑莓、李子、梨**和**杧果**等水果会消失，**胡萝卜、洋葱、西蓝花**和**韭葱**也会消失。就连巧克力也来自一种需要授粉的植物！

一群天真无邪的鹿，

此刻，我们身处印度北部炎热的荒野，感受着那虬劲的树木和被太阳暴晒的草地散发出的充满泥土气息的暖意。你能看到在草地上吃着嫩草的**鹿**吗？你能听到在树枝间吵吵闹闹的**长尾叶猴**发出的声音吗？但是请等一下，在远处的阴影里，还有别的东西在活动……

知识王国

远处还有一只**老虎**！这只雌性老虎去打猎前，把幼崽藏在了灌木丛里。

这些有着美丽图案的动物是**白斑鹿**，也叫**斑鹿**或者**花鹿**。它们在觅食时会聚在一起，这样更容易发现危险。

以及一群吠叫不休的猴子

猴子和鹿之间有一种非常特殊的关系，它们会为彼此放哨。如果鹿看到捕食者靠近，它会发出音量很高的叫声。如果是猴子先发现了捕食者，它也会发出响亮的警报声。然后两个物种都会对危险做出反应。

鹿靠近叶猴还有另一个原因。猴子经常把树上的水果和树叶弄掉，这些水果和树叶对鹿来说是额外的零食。你能看见在附近等候的黑鸟吗？这些黑鸟是**家八哥**，它们在这里等着食用那些被吃草的鹿打扰的昆虫。猴子、鹿和八哥属于三个完全不同的家族，但它们已经认识到了共同生活的好处。

一群大熊猫

嘎吱嘎吱地啃着竹子

在中国的高山上生活着一种黑白两色的熊——大熊猫。这只大熊猫和它的幼崽们正在做它们最喜欢的事情——吃！像这位妈妈这样的成年雌性大熊猫，一天可以吃上12个小时，它们的食物则是一种叫作竹子的多叶植物。

在幼崽生命的头一年半里，它们会和妈妈待在一起。妈妈会教它们如何成为一只完美的大熊猫——从爬树到寻找竹子。大熊猫宝宝出生时非常小，而且皮肤是粉红色的，但它们很快就会长大，变得圆滚滚的，喜欢嬉戏打闹。

不是所有的动物都生活在大家族里。大熊猫通常独来独往，在森林里悠闲地漫步。大熊猫的生活很平静，因为它们几乎没有天敌。此外，大熊猫的粪便可以传播植物的种子，进而帮助森林生长。

但下面这种颜色的动物是什么？

这是一对小熊猫。雄性和雌性小熊猫只在生机盎然的温暖春天里见面，因为春天的时候，它们需要交配。

小熊猫会张大黑鼻子在茂密的林地中嗅探，凭借卓越的嗅觉寻找异性。

知识王国

成年小熊猫在树上筑巢，它们的幼息会在巢穴里待上整整3个月。小熊猫也喜欢竹子，但就像它们的远亲大熊猫一样，小熊猫的未来正受到毁林问题的威胁。

我们来看看这个家族吧。

　　仔细看看这些抓藤蔓的手和贝壳状的耳朵吧。这些能给人留下深刻印象的**黑猩猩**和我们之间的共同点比世界上任何其他生物都要多。要知道，所有生物都拥有一种叫作脱氧核糖核酸（DNA）的东西，它是决定生物的外观、成长方式和行为的天然配方，而黑猩猩和人类的脱氧核糖核酸大约有 98% 是相同的，因此，它是我们在生物界关系最近的亲戚。

黑猩猩，森林里的杂技演员

知识王国

　　热带雨林为黑猩猩提供了完美的栖息地。它们每天晚上都用树叶和树枝筑窝，而年幼的黑猩猩会通过观察它们的亲戚来学习如何做这件事。

　　黑猩猩生活在非洲中部和西部的热带森林中。就像我们一样，黑猩猩也是群居动物。一群黑猩猩是一个由可多达百余只成年雄性、成年雌性以及幼崽组成的庞大群体。它们会一起攀爬、玩耍、尖叫、打盹儿、争吵和进食。它们烦躁的时候会互相扭打，感到瘙痒的时候会在身上挠抓。但它们并不是一群毛茸茸的乌合之众！每个黑猩猩群体都有两个主要的领袖，分别是雄性首领和雌性首领。雄性首领必须保持健康和强壮，否则就会失去老大的位置。

知识王国

黑猩猩幼崽会在妈妈身边待很多年，它们会攀附在妈妈身上，吸吮乳汁。

在必要的时候，黑猩猩中的大哥哥和大姐姐们也会帮妈妈照顾宝宝。

　　黑猩猩并不总是那么亲切可爱。20 世纪 70 年代，坦桑尼亚贡贝溪国家公园的一大群黑猩猩分裂成两派，为争夺权力展开了长达 4 年的激烈斗争。其间有许多黑猩猩被杀。但黑猩猩们也会对彼此展现出惊人的善意。我们发现，如果一只黑猩猩在战斗中输了，其他黑猩猩通常会过来和它一起玩，甚至拥抱它，让它感觉好一点。

黑猩猩跳上树干的速度比人类快得多。这样的丛林体操能帮助它们摘到最喜欢的一种水果——**野生无花果**。无花果长在很高的地方，而如果没有一种特殊昆虫的帮助，就不会有无花果。这种特殊的昆虫便是榕小蜂。体形小巧的**榕小蜂**会飞进未成熟的无花果里，这是它们唯一可以产卵的地方。榕小蜂会给果实授粉，之后就直接死在无花果里。孵化出来的榕小蜂会飞走，去寻找其他未成熟的无花果，然后循环往复。总而言之，黑猩猩吃无花果，无花果需要榕小蜂，而榕小蜂也需要无花果！

有没有人曾帮你拂去背上的小虫子呢？

知识王国

这正是黑猩猩为彼此所做的事情。它们会梳理朋友和家人的毛发，清洁上面的尘土、植物和昆虫。

钓竿和锤子并不是专属于人类的发明。黑猩猩和我们有同样多的手指，而且它们也学会了制造工具。一些黑猩猩会使用细长的树枝在白蚁巢中"钓蚁"。也有些黑猩猩会把树枝和石头当作胡桃夹子，先把坚果放在平坦的岩石上，然后把它们锤开。还有一些黑猩猩会拿树叶当勺子舀水喝。

不同的黑猩猩群体会习得不同的技巧，然后把这些技巧传授给它们的后代。

在贡贝溪国家公园里，这些**非洲天堂捕蝇鸟（又名非洲寿带鸟）**是这片茂密森林中的 200 多种鸟类之一。雄性捕蝇鸟会和雌性捕蝇鸟一起筑巢，筑巢材料有树叶、小树根、兽毛，甚至还有蜘蛛网。捕蝇鸟会紧密守护自己的鸟蛋，雏鸟出生后，父母会轮流捕捉昆虫（比如在半空中俯冲翻转，以捕捉苍蝇）喂养雏鸟。

从错综复杂的绿色植物中传来叽叽喳喳的合唱

数不胜数的动物家族把**亚马孙雨林**当作自己的家。在这个地方，鸟儿自由飞翔，猴子反复吟唱，鲜花热烈盛开，昆虫嗡嗡作响。从云蒸霞蔚的池塘到高耸入云的树梢，这片森林生机勃勃。这片闷热的南美丛林是世界上最大的热带雨林，其中的动植物种类多到难以计数。像亚马孙这样的热带雨林拥有丰富的生物多样性，令人眼花缭乱。

这些有着绚丽色彩的动物名为**箭毒蛙**。箭毒蛙的体形还没有一个牙刷头大，体内却含有足够杀死10个人的毒液。这两只箭毒蛙的背上是什么呢？是蝌蚪！箭毒蛙爸爸们会带着孩子们在丛林里四处找水，让宝宝能够在水里长大。

下面我们来看看这个"慢吞吞家族"。**三趾树懒**的一生几乎都在树上度过,每天睡觉的时间长达 20 个小时。这只树懒宝宝正用它的小爪子抓着妈妈的毛,它会在妈妈身边待上至少 5 个月。

这个黑黢黢的树洞是**啄木鸟**挖出来的,但现在它是一窝**巨嘴鸟**的巢。长着香蕉形鸟喙的巨嘴鸟父母会轮流为鸟蛋保暖,并在雏鸟孵化后用野果喂养它们。雏鸟会在巢里待 6 到 8 周,然后飞到丛林里独自谋生。

一只母**狼蛛**背着一团幼蛛,沿着一根圆木爬行着。在过去的几个星期里,它的腹下一直带着一个丝质的卵囊。

知识王国

八条腿,八只眼,一百只幼蛛背上面。

蛛卵孵化后,小蜘蛛会爬到妈妈的背上,以保证自身的安全。它们会在这里待上几天,然后便各奔东西。

欢迎来到地下，这里没有阳光闪耀，也没有微风吹拂。

土会沾在我们的鞋子上、卡在我们的指甲里。我们脚下的土地是一个隐藏的超级仓库，里面充满了水、营养物质和碳。它不仅为我们这星球上的生命提供了物质资源，也是无数令人毛骨悚然的**昆虫**家族的家园。

一群土中居民

土壤里到处都是生物，从蚂蚁、螨虫到真菌和细菌。许多生物太小了，我们根本看不见——小撮土壤中就可能包含多达10亿个细菌！我们可以把土壤想象成世界之胃。生活在土壤里的生物会食用、消化并回收利用大量重要的营养物质和有机物，由此帮助新生命成长。

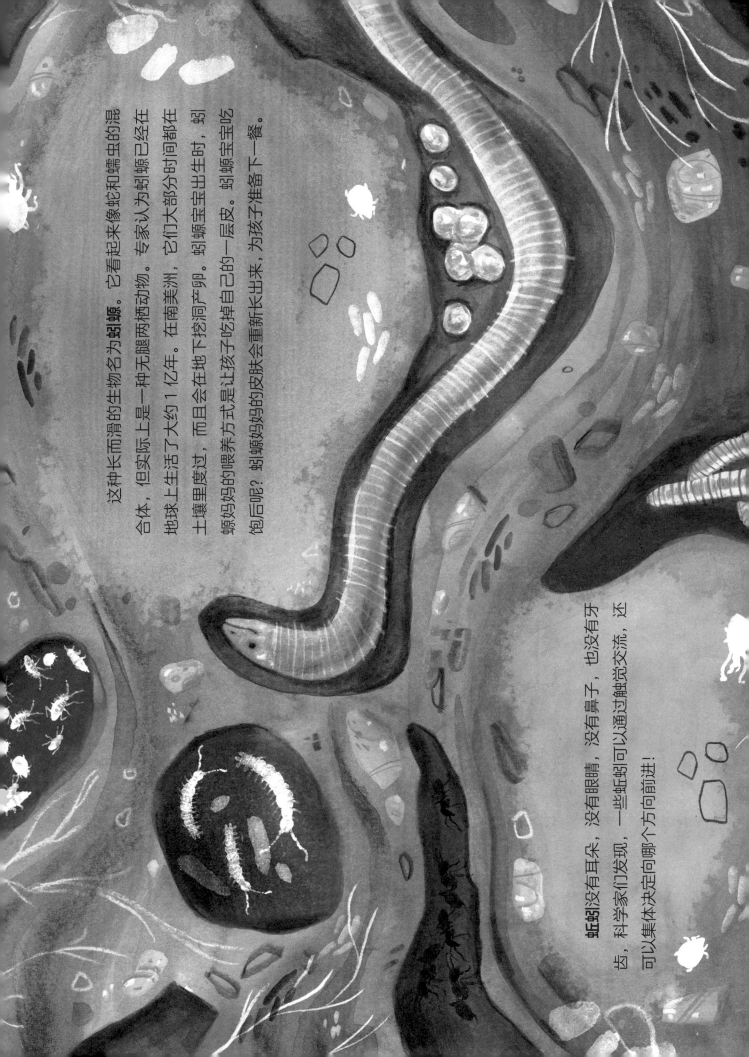

这种长而滑的生物名为蚓螈。它看起来像蛇和蠕虫的混合体，但实际上是一种无腿两栖动物。专家认为蚓螈已经在地球上生活了大约1亿年。在南美洲，它们大部分时间都在土壤里度过，而且会在地下挖洞产卵。蚓螈宝宝出生时，蚓螈妈妈的喂养方式是让孩子吃掉自己的一层皮。蚓螈宝宝吃饱后呢？蚓螈妈妈的皮肤会重新长出来，为孩子准备下一餐。

蚯蚓没有耳朵，没有眼睛，没有鼻子，也没有牙齿，科学家们发现，一些蚯蚓可以通过触觉交流，还可以集体决定向哪个方向前进！

这些北部白犀牛是一群雄伟的野兽。它们虽然是温和的食草动物，却像坦克一样结实——头颅硬如石头，兽皮厚如恐龙皮肤。无数年来，它们以家族的形式生活在东非的草原上。犀牛出色的嗅觉可以帮助它们找到同类，而当雌性犀牛需要保护它们的幼崽时，巨大的犀牛角便会派上用场。但如今它们遇到了一个问题，一个像它们的体形那么大的问题。

一群犀牛跑过，
隆隆声响彻大地，
然后归于寂静

全世界只剩下两头成年北部白犀牛，一对名叫**娜金**和**法图**的母女。它们生活在肯尼亚的一个野生动物保护区，那里有警卫保护它们的安全。科学家们正在尝试用不同的方法来帮助它们生育幼崽，但这个物种的未来仍然岌岌可危。

不同种类的犀牛已经在这个星球上游荡了数千万年。和许多物种一样，这些北部白犀牛在地球巨大的生命网络中扮演着重要的角色。如果我们失去了它们，那它们就永远消失了。

知识王国

人们杀死犀牛是为了获得犀牛角。而**偷猎**只是野生动物面临的危险之一。

除非我们更加小心，否则这些北部白犀牛的悲惨故事可能会成为普遍现象。从**猩猩**和**玳瑁**到**北极熊**和**江豚**，一些最奇妙的物种正面临着灭绝的危险。而我们的职责就是竭尽所能地确保这类悲剧不再发生。

一群海鸟，
一个悬崖上的王国

这个"鸟头攒动"的悬崖是大自然最壮观的景象之一——一个超大的筑巢基地。这里的环境非常适合北大西洋的鸟类，它们每年都会回到这样的地方繁殖后代。有这么多身披羽毛的朋友环绕身边，可以帮助它们免受体形更大的捕食者的伤害——通过这种方式，这些鸟类家族可以互相帮扶。

像图中这样的悬崖是自然形成的，也是海鸟理想的筑巢之地。

知识王国

管鼻鹱（hù）会在直入云霄的悬崖壁上筑巢。如果入侵者靠得太近，它们会用一种特殊的技巧来对付敌方，即从鸟喙中喷出臭气熏天的胃油！

往悬崖下走，可以看到塘鹅用草和泥建造的又大又乱的鸟巢。塘鹅为雏鸟寻找食物时，会像导弹一样潜入海洋。

你能认出快速飞过的**毛脚燕**吗？它们来这里是为了捕捉以海鸟粪便中的营养物质为食的飞虫！

这些筑巢的鸟类已经学会了通过分享栖息地来保护自己的海鸟家族，但它们仍需万分小心。比如它们的天敌**黑背鸥**会在悬崖上巡逻，寻找未被看管的鸟蛋和雏鸟。总的来说，成年海鸟已经发展出了很多可以充分保护新生儿的技巧。

知识王国

海鸠会静静地挤在陡峭的岩架上。每只海鸠都会把鸟蛋藏在两腿之间。它们会尽可能占据礁石上的空间，让捕食者无处落脚。

一群乘风破浪的海豚

　　一群**宽吻海豚**在大西洋上迅速游过。这些海洋哺乳动物通常 10 到 15 只为一群，有时也会形成由 1 000 多只海豚组成的巨大的"超级海豚群"！与其他动物不同的是，宽吻海豚不总是待在同一个海豚群中，它们有时会根据自己的需要换一个海豚群，甚至还会和其他种类的海豚合作。

知识王国

　　最常见的一种海豚群是由海豚妈妈和它的幼崽组成的。这种海豚群就像一个快速游动的水下幼儿游戏班。

　　海豚可以发出不同的声音来相互交流，分享或许能够救命的信息。像**鲨鱼**这样善于伏击的捕食者可以很容易地捕到独自行动的海豚，但面对一个旋转的海豚群时，事情就没那么简单了。

海豚通过**回声定位**来寻找食物。它们会发出一连串的咔嗒声，声音传播出去后，会从碰巧在附近游动的生物那里反射回来。这样海豚就可以准确地知道下一顿饭在哪里，而猎物也很难躲过饥饿的宽吻海豚的撕咬。

虽然海豚看起来总是在微笑，但它们也会变得很有攻击性。雄性海豚间有时会发生冲突，它们会追逐甚至撕咬对方，而这么做通常是为了阻止对手与雌性海豚配对。

在海洋这种拥有丰富生物多样性的环境中，海豚总能找到一顿美餐。从**鲇鱼**、**鲭鱼**到**鲻鱼**和**鱿鱼**，海豚什么都吃。海豚能平衡海洋食物链——从微小的**浮游生物**到巨大的**蓝鲸**。

亲爱的读者，请你穿暖和点，因为我们正前往寒冷刺骨的遥远南方。这些高贵的**帝企鹅**生活在寒冷的南极洲——一个只有最顽强的动物和植物才能生存的地方。南极洲寒冷的气候足以让人类的鼻子下结出冰柱，但这个鳍状肢家族知道如何让孩子们感到安全和舒适。

冰上的君主，
一群挤作一团的企鹅

南极洲冬天刺骨的寒风对一只企鹅来说太猛烈了，但待在企鹅群里就很安全。这个庞大的企鹅群由成千上万的成年企鹅和小企鹅组成。

企鹅群中间的企鹅可以免受冰暴的侵袭，它们依偎在一起，让彼此保持温暖。帝企鹅并不自私。当企鹅群在陆地上移动时，它们会慢慢地旋转，让每只企鹅都有机会在企鹅群的中间取暖。

一些企鹅群里有成千上万只帝企鹅。

这些**棕色贼鸥**也在躲避冰暴。棕色贼鸥是狡猾的猎手，风停下来时，它们会成对行动，分散成年企鹅的注意力，然后趁机抓住小企鹅。这看起来很残忍，但也提醒我们，贼鸥同样需要进食。雄性和雌性贼鸥通常终身生活在一起，并且每年产下两个鸟蛋。

雌性帝企鹅每年只会产下一枚脆弱的企鹅蛋。蛋一旦被产下，雄性帝企鹅就会小心翼翼地把它铲进两脚之间的育儿袋里，以免它沾上寒冷的冰。在长达两个月的时间里，不管周围的风有多冷，雄性帝企鹅都会尽量让企鹅蛋保持温暖。雄性帝企鹅不会离开企鹅蛋，哪怕只是暂时离开寻找食物——它的工作就是站着等待。

帝企鹅是所有企鹅中体形最大的，成年帝企鹅的身高和 6 岁小孩的身高差不多。

在这段时间里，雌性帝企鹅会去海里觅食。大约 9 个星期后，它会回来，而且因为食用了大量的鱿鱼和多种鱼类而变得很肥胖，然后它会发现……

一个刚孵化出来的灰色绒毛球！孵化出来的小企鹅会和它的爸爸妈妈依偎在一起，但快乐的团聚时光非常短暂。很快，就轮到雄性帝企鹅去海里填饱肚子了。

但是饥饿的小企鹅吃些什么呢？答案是，它的父母都会从肚子里咳出黏稠的食物，然后通过喙喂给饥饿的小企鹅。对我们来说这可能听起来很恶心，但这只小企鹅却觉得很美味。

如果没有生活在寒冷海洋中的鱼类，这些企鹅就无法抚养小企鹅。

知识王国

帝企鹅喜欢吃**南极银鱼**。它们是这里最常见的鱼类，也是**海豹**和**鲸**最喜欢的食物。这种鱼因此成为生物多样性中的重要物种。

逆戟鲸（又称**虎鲸**）是世界上最顶级的海洋掠食者之一。尽管虎鲸的名字中带有"鲸"字，但它们实际上是世界上最大的海豚。虎鲸有 50 颗匕首般锋利的牙齿，游泳速度比许多船都快，而且体重和大象差不多。它们也生活在紧密合作的群体中，所以当你遇到一只虎鲸时，你就遇到了一个家族。

一群在蓝色的大海中巡游的虎鲸

知识王国

广阔的海洋给了虎鲸最需要的两样东西：食物和自由。

一个虎鲸群可以容纳几十头虎鲸，但更简单的家族通常由一只虎鲸妈妈、它的成年子女们以及它女儿的子女们组成。

许多虎鲸终其一生都和妈妈一起生活。虎鲸爸爸通常来自不同的鲸群，它们不照顾自己的孩子，但会帮助照顾与它们待在同一个鲸群的小虎鲸。

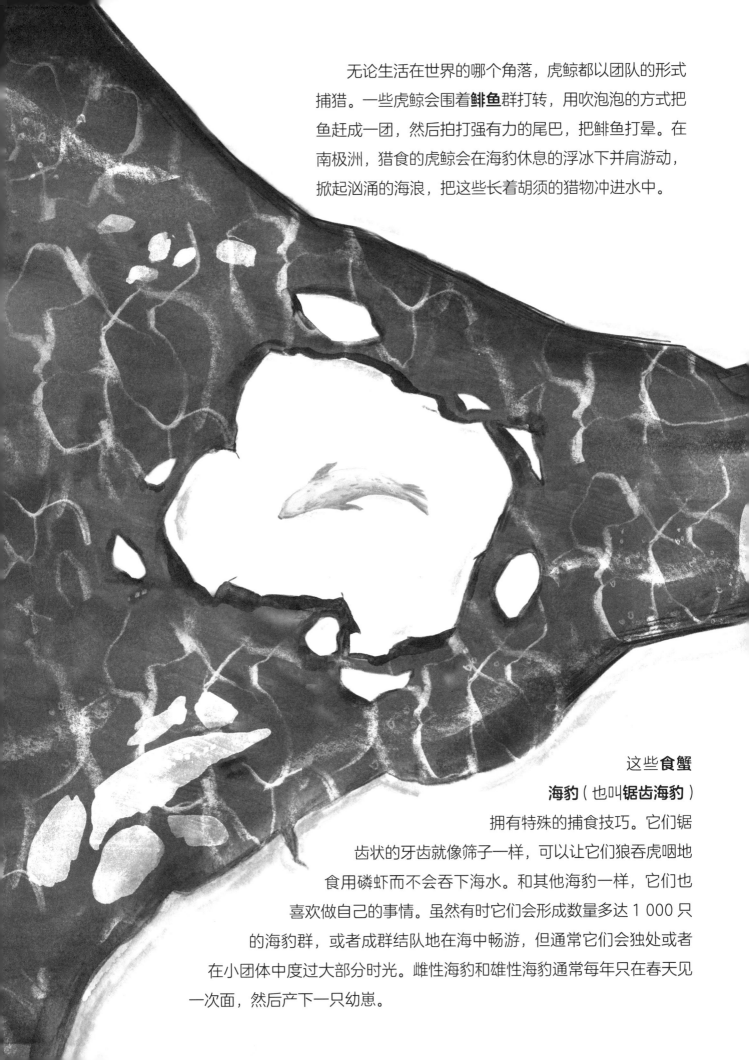

无论生活在世界的哪个角落，虎鲸都以团队的形式捕猎。一些虎鲸会围着**鲱鱼**群打转，用吹泡泡的方式把鱼赶成一团，然后拍打强有力的尾巴，把鲱鱼打晕。在南极洲，猎食的虎鲸会在海豹休息的浮冰下并肩游动，掀起汹涌的海浪，把这些长着胡须的猎物冲进水中。

这些**食蟹海豹**（也叫**锯齿海豹**）拥有特殊的捕食技巧。它们锯齿状的牙齿就像筛子一样，可以让它们狼吞虎咽地食用磷虾而不会吞下海水。和其他海豹一样，它们也喜欢做自己的事情。虽然有时它们会形成数量多达1 000只的海豹群，或者成群结队地在海中畅游，但通常它们会独处或者在小团体中度过大部分时光。雌性海豹和雄性海豹通常每年只在春天见一次面，然后产下一只幼崽。

没有什么动物像**海鹦**那么独特！在陆地上时，这些艳丽的小海鸟会在它们的洞穴外摇摇摆摆地走来走去，就像紧张不安的看护一样；在海中，它们可以迅速潜入蓝色大海的深处，寻找美味的**沙鳗**；在空中时，它们会像子弹一样嗖嗖地飞来飞去，翅膀每秒钟可以拍打 6 次！

海鹦，
驰骋海陆空的轻盈使者

海鹦虽然体形很小，却肩负着重大的责任。雄性海鹦和雌性海鹦通常一生都在一起生活。每年在海上度过 8 个月后（通常彼此相隔数英里），它们都会回到位于悬崖顶部的舒适洞穴，雌性海鹦会在这里产下一枚蛋。蛋孵化后，海鹦父母会轮流进入海浪中，寻找沙鳗以及其他鱼类给小海鹦吃。

每年春天，当雄性海鹦和雌性海鹦在洞穴里相遇时，二者会花一些时间相互摩擦它们那长着条纹的鸟喙。因为它们已经很长时间没有见面了，这种迷人的喙对喙仪式可以让关系保持牢固。

海鹦一天通常能够捕获 100 多条沙鳗，有时一次就能捕获几十条，所以如果没有了沙鳗的话，海鹦就有大麻烦了。气候变化导致沙鳗的数量越来越少，这意味着海鹦也会随之减少。**这个事实能让我们明白，为什么保持自然生态的平衡如此重要。**

建造新的洞穴时，雄性海鹦会用喙和爪子在悬崖顶部的泥土上挖一个洞，然后用草和羽毛铺好。但有些海鹦会直接在之前留下的兔子洞里安顿下来，这样工作量就少得多了！

吸血蝙蝠生活在阴暗的洞穴或者中空的树木中，白天会倒挂着睡觉。夜幕降临之后，它们会飞到田野里吸食动物（比如牛和马）的血。尽管听起来很可怕，但这些拇指大小的蝙蝠是非常神奇的生物。它们生活在由 100 只或者更多的蝙蝠组成的家族中，并且在我们的野生动物家族中扮演着重要角色。

一大群蝙蝠
在天空中沙沙作响

许多种类的蝙蝠是非常重要的传粉者，会帮助可可、杧果和香蕉等植物繁殖。吸血蝙蝠不是传粉者，它们只以血液为食，但它们非常善于分享。如果一只吸血蝙蝠没有外出进食，另一只吸血蝙蝠就会通过嘴对嘴的"亲吻"来分享它的上一餐。这也是加强友谊的一种方式。

吸血蝙蝠还会帮助彼此清洁身体，并且会待在它们觉得最亲近的蝙蝠旁边。

雌性吸血蝙蝠怀孕时，会一起栖息在一个**育儿群**中，以保持温暖并保证自身的安全。它们也喜欢和自己的孩子待在一起——新生的吸血蝙蝠会紧紧地抱着母亲，即使在蝙蝠妈妈飞行时也是如此。

吸血蝙蝠嗜血的饮食习惯可能会在未来帮助到人类。当吸血蝙蝠吸食动物的血液时，它们会分泌含有抗凝剂的唾液，以防止血液凝固。医生们已将这种抗凝剂用于实验中，以确认它是否对医学有帮助。

知识王国

虽然听起来可能有点奇怪，但吸血蝙蝠知道如何保持社交距离！生病的蝙蝠会远离健康的蝙蝠，以此保护蝙蝠群中的其他蝙蝠。

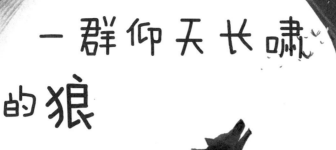

一群仰天长啸的狼

这群**伊比利亚狼**处于食物链的顶端，像影子一样在西班牙和葡萄牙的山脉中活动。它们会用快到看不清下颌、爪子和牙齿的速度突然扑向猎物，并用它们的力量和速度击倒野生山羊、鹿和其他动物。

知识王国

与人类相比，狼拥有宛如超能力的感官。它们的听力大约是我们的 16 倍，而嗅觉比我们强 100 倍！

每个狼群中都有一对占支配地位的公狼和母狼，只有它们才能结合并产崽。幼崽出生后，狼妈妈会和幼崽待在一起，而狼爸爸会和狼群里的其他狼一起给它们找食物吃。

对狼来说，团队合作意味着一切。每个狼群都不一样，有些只有 2 个成员，有些则有超过 12 个成员，但它们都以狼的方式行事。它们一起捕猎，一起奔跑，一起觅食，一起养育幼崽。这种关系紧密的家族会一起努力保护自己的领土不受其他狼群的侵犯——你甚至可以听到一群狼在同时嚎叫。一些专家认为，它们这样做是为了让家族关系变得更加牢固。

狼是优秀的猎手，在西班牙，它们能找到很多**野猪**作为食物。这对野猪来说是个坏消息，但对在地面筑巢的稀有鸟类——**松鸡**来说却是个好消息。当这个地区有太多野猪时，它们会在松鸡的鸟巢周围搜寻食物，在鸟蛋孵化之前把它们吃光，所以通过捕猎野猪，狼帮助了松鸡。

知识王国

年长的雄性野猪通常独自生活，但雌性野猪和幼崽会生活在有多达 50 只野猪的大家族中，并能通过发出咕噜声和吱吱声相互交流。

一群绚丽夺目的火烈鸟

1 000 多只艳丽的**火烈鸟**生活在巴哈马群岛，这里的海水又浅又咸。这支亮粉色的火烈鸟大军对食物很挑剔。它们弯着 S 形的脖子，将特别大的鸟喙伸入水中，以**小虾**、**藻类**和**幼虫**为食。这些食物都含有红橙色的物质，火烈鸟的羽毛因此变成了粉红色。

知识王国

火烈鸟生活在如此庞大的群体之中是为了保障安全。当一些火烈鸟食用小虾时，另一些会密切关注捕食者，在有危险的时候大声鸣叫，以警告粉红色的朋友们。

每年，这些华丽的火烈鸟都会用它们的蹼足在泥里建造烟囱形状的鸟巢。它们喜欢在离彼此很近的地方筑巢，把海岸线变成泥泞的火烈鸟营地。雌性火烈鸟产下一枚卵后，会和雄性火烈鸟一同保护它。

当雏鸟出生时，整个火烈鸟群落都会聚集在一起照顾它们。成年火烈鸟会把雏鸟聚集成群，每个群都是一个**"育婴所"**。一小部分成年火烈鸟会留在雏鸟身边，在其他父母飞去寻找食物的时候照看它们。雏鸟出生时是灰色的，但随着它们吃下越来越多的食物，它们的羽毛会逐渐变成粉玫瑰色。

火烈鸟父母会用一种不寻常的方式喂养它们的雏鸟。它们都能从喉咙深处分泌出一种被称为"嗉囊乳"的深红色液体，然后把这种液体送入雏鸟的嘴里。

在北美，这片**常绿林**矗立在另一个自然奇观之上，那是一条**淡水河**。像这样的水道对动植物至关重要——哪里有河流，哪里就有生命！**河流是吸引各种生物的磁铁。**

这个忙碌的河狸家族喜欢啃食树根和水草。如果河狸感觉到危险，它会用尾巴拍打水面来警告同伴。河狸很好地适应了周围的环境——它们有防水的皮毛，而且它们的宝宝在出生后几个小时就会游泳了。

河流周边
相互依存的生命

鲑鱼一生都生活在水里，但可能会让你感到惊讶的是，它们也在帮助周围的树木。科学家们发现，有大量鲑鱼的河流沿岸往往生长着许多树木。这是因为大多数鲑鱼会在产卵后死亡，而它们的身体中含有重要的氮元素，这些氮元素会被河岸的土壤吸收，从而帮助附近的树木生长。

受益的不仅仅是树木。这些帝王般威严的**白头鹰**也在寻找鲑鱼。这些鸟类处于河流食物链的顶端，如果没有鱼吃，它们就只能挨饿。

知识王国

像**松树**和**红杉**这样的常青树全年都长着绿色的针叶。这为鸟类和其他动物提供了一个冬季避难所，而这有助于保持生物多样性的平衡。

鲑鱼非常重视自己对家族的责任。这些银色的鱼出生在山区的河流中，然后会向下游游很远的距离到达海洋。几年后，当它们该成为父母的时候，它们会一路逆流而上，回到出生的地方繁殖后代。

一丛根系发达的树

树木让我们得以存活。它们利用水、阳光和二氧化碳制造养料，然后释放出人类和动物需要的氧气。我们的星球上有数万亿棵树木，从高大的**橡树**和轻柔的**柳树**，到巨大的**冷杉**和古老的**紫杉**。在帮助我们的同时，这些树木也在互相帮助。

在森林里，每棵树看起来都是独立生长的，但在地下却有一些神奇的事情正在发生。每棵树都长着粗大的根系，这些根系在土壤中缠绕，能收集水分并将其输送到树干和树枝上。附着在树根上的是一缕一缕的**真菌**，它们会向外扩散，到达其他树木的根系，形成一个巨大的地下网，将树与树连接起来。

树木可以利用这种由根系和真菌组成的迷宫般的网络相互"交谈"、发送信息并分享重要的营养物质。这个非凡的自然奇迹就发生在你的脚下！这意味着老树可以将糖和水传递给年轻的树木，帮助它们生长，而受到疾病威胁的树木也能够警告它们的邻居。

树木为一些最神奇的昆虫、鸟类和爬行动物提供了家园。

树木甚至可以与动物交流。例如，当一些**榆树**的叶子被**毛毛虫**吃掉后，它们会释放出一种特殊的气味，而这种气味会吸引以毛毛虫为食的**黄蜂**。

知识王国

在这片欧洲的森林里，许多哺乳动物也需要树木：**松鼠**在树上蹦蹦跳跳，**睡鼠**在树中打盹儿，**獾**则在树下挖洞。

聪明的橡树和**山毛榉**会用一种特殊的技巧繁殖后代。每隔5到10年，它们会迎来"丰收年"，结出比平常多得多的**橡子**和**山毛榉坚果**。因为森林里的动物无法把它们全都吃掉，有些种子就会留下来并长成新的树木。

一群熙熙攘攘的人

  这个星球上有一种生物比其他生物拥有更多的权力、力量和智慧，那就是**人类**。人类非常了不起，我们能表达爱、同情和善良，我们能渡海、爬山、架桥。因为人类生活在这么多不同的国家，有这么多不同的价值观和家庭形式，所以有时很容易忘记我们有多少共同点。我们都心怀希望，会产生恐惧，也心存友谊；我们都会讲故事，会制订计划以及分享想法。我们属于同一个物种，生活在同一个星球上。

  人类活动对自然界产生了巨大的影响。森林砍伐、环境污染、气候变化和过度捕捞给生物多样性以及生活在野外的动植物带来了灾难，但我们也有能力让世界变得更好。

在一个缺乏生物多样性的世界里，我们不可能正常生活。我们呼吸的空气、享用的食物和饮用的水都来自大自然。**大自然需要我们的保护，我们也需要大自然的保护。**

我们每个人都生活在大自然中。即使在繁忙的城市里，我们也未曾远离野生动物和户外空间。我们可以看到空中的鸟儿、街道两旁的树木和土壤中的昆虫。就像我们一样，它们也都是生命拼图中至关重要的组成部分。我们都在同一个大家族中占有一席之地，共享着同一个星球。

我们人类有帮助其他生物的特殊能力。如今的世界有约 80 亿人，每一个人都可以影响我们生活的世界。通过采取行动和做出选择，我们可以帮助这个多样的大家族保持强大。

无论我们的家园位于地球的哪个角落，都有数百万其他物种与我们共享这个世界。

世界上的一切都是紧密相连的。

所有水里游的、地上爬的和天上飞的动物都紧密联系在一起；所有开花的植物、孵化的动物以及其他正在生长的物种也是如此。地球上的生命经历了数十亿年的进化，给我们留下了一个难以用语言形容的珍贵家园。

每一种生物都在地球上扮演着自己的角色。从对食物链至关重要的爬行动物，到将我们的生态系统联系在一起的哺乳动物，再到在灌木丛中筑巢的鸟类，以及组成了浩瀚森林的树木，莫不如此。

对于生物多样性来说，未来有时看起来很可怕。我们的一些行为可能对自然界非常有害，但现在改变还为时不晚。我们已经学到的一件事是，当大自然有机会时，它知道如何恢复平衡。

我们已经在书中见过各种各样的家族，有些生活在幽深的蓝色大海中，有些生活在茂密的绿色雨林中，有些生活在深棕色的土壤中。我们的世界是无数神奇物种的家园，而所有这些生物，以及我们所有人，都属于同一个

图书在版编目（CIP）数据

我爱野生动物 /（英）本·勒维尔著；（英）哈里特·
霍布迪绘；郎振坡译 . -- 北京：中信出版社，2024.6
书名原文：Wild Family
ISBN 978-7-5217-6376-8

Ⅰ. ①我… Ⅱ. ①本… ②哈… ③郎… Ⅲ. ①野生动
物—少儿读物 Ⅳ. ① Q95-49

中国国家版本馆 CIP 数据核字（2024）第 046199 号

我爱野生动物

著　　者：［英］本·勒维尔
绘　　者：［英］哈里特·霍布迪
译　　者：郎振坡
出版发行：中信出版集团股份有限公司
　　　　　（北京市朝阳区东三环北路 27 号嘉铭中心　邮编　100020）
承 印 者：北京启航东方印刷有限公司

开　　本：889mm×1194mm　1/16　　印　　张：4.25　　字　　数：90 千字
版　　次：2024 年 6 月第 1 版　　印　　次：2024 年 6 月第 1 次印刷
京权图字：01-2024-1092
书　　号：ISBN 978-7-5217-6376-8
定　　价：58.00 元

出　　品：中信儿童书店
图书策划：巨眼
策划编辑：陈瑜　季玉琼
责任编辑：郑夏蕾
营销编辑：高铭霞
装帧设计：哈_哈

版权所有·侵权必究
如有印刷、装订问题，本公司负责调换。
服务热线：400-600-8099
投稿邮箱：author@citicpub.com